Bibliografische Information der Deutschen Nationalbibliothek:

Die Deutsche Bibliothek verzeichnet diese Publikation in der Deutschen Nationalbibliografie; detaillierte bibliografische Daten sind im Internet über http://dnb.d-nb.de/ abrufbar.

Impressum:

Druck und Bindung: Books on Demand GmbH, Norderstedt Germany
ISBN: 9783346008084

Dieses Buch bei GRIN:

https://www.grin.com/document/469971

Fynn Hänichen

Klimawandel und alternative Tourismusausrichtungen in Grainau

GRIN Verlag

Grainaus alternative Tourismusausrichtungen als Folge des Klimawandels

Fynn Hänichen

Inhaltsverzeichnis

Abbildungsverzeichnis

1. Einleitung

Am 12. September 2018 wurde die neue Seilbahn Zugspitzbahn bei einer Bergeübung beschädigt. Beim Absenken des Bergewagens riss die Kette des Hebewerkzeugs, so dass diese ungebremst mit der unbesetzten Personengondel kollidierte und diese demolierte. Der neue Touristenmagnet wird für einige Zeit geschlossen bleiben und die Touristen gelangen übergangsweise mit der Zahnrad- und Gletscherbahn auf die Zugspitze.[1]

Die neue Seilbahn Zugspitzbahn wurde nach sechs Jahren Planung und Bau am 21.Dezember 2017 eröffnet. Sie transportiert 580 Personen pro Stunde von der Talstation am Eibsee auf den Zugspitzgipfel. Sie sollte die seit 1963 aktive Eibsee-Seilbahn ablösen und rund fünfhunderttausend Gästen pro Jahr eine zehnminütige Fahrt mit einem Panoramablick über die Zugspitzregion ermöglichen. Während des Transports erleben die Fahrgäste drei Rekorde, denn die Seilbahn hat mit 1.945 Metern den größten Gesamthöhenunterschied, mit 3.213 Metern das längste freie Spannfeld und passiert die mit 127 Metern höchste Stahlbaustütze einer Pendelbahn. Auf dem Gipfel ermöglicht die neue Station einen Panoramablick auf rund 400 Alpengipfel. Laut dem Vorstand der Bayerischen Zugspitzbahn Bergbahn AG Matthias Stauch wird diese „(...) circa 10% mehr Gäste anziehen."[2] Dies ist ein wichtiges Projekt, um die vom Tourismus abhängende Zugspitzregion vor einem finanziellen Einbruch zu schützen, der durch den Klimawandel ausgelöst werden könnte; es muss jetzt aber auf einen noch unbestimmten Zeitpunkt verschoben werden.

Das Thema Klimaveränderung ist weltweit präsent und es vergeht kein Tag, an dem nicht über diese und ihre Konsequenzen berichtet wird. Diese Arbeit beschäftigt sich konkret mit den Auswirkungen auf die Zugspitzregion und speziell auf die Gemeinde Grainau.

Hierzu wird die Arbeit vor allem folgende Zielfragen aufgreifen:

- Wie stark sind Grainau und die Region, insbesondere im Hinblick auf den Tourismus, vom Klimawandel betroffen?
- Besteht die Möglichkeit, die aktuellen Tourismusformen ohne nennenswerte Einschränkungen und finanzielle Einbußen aufrecht zu erhalten?
- Welche alternativen Tourismusausrichtungen sind realisierbar, besteht zum Beispiel die Möglichkeit auf Trendsportarten zu setzen oder den Gesundheitstourismus auszubauen?
- Welche Veränderungen sind dafür notwendig und sind diese mit dem existierenden Tourismus kombinierbar?

---

[1] vgl.: Julia Sextl 2018

[2] vgl.: Bayerische Zugspitzbahn AG 2018

2. Grainau als Tourismusort

Grainau ist eine Gemeinde, die zum Landkreis Garmisch-Partenkirchen (GAP) in Oberbayern gehört. Sie liegt am Fuße der Zugspitze, dem mit 2.962 Metern[3] höchsten Berg Deutschlands.[4]

2.1 Geschichte

Das Dorf wird 1305 erstmals als Gruenawe, was „grüne Aue" oder „inmitten dicker Wälder“ bedeutet, erwähnt. Vor 1305 bestand das Dorf aus drei Höfen, welche heute als die Ortsteile Hammersbach (1), Schmölz (2) mit dem Eibsee und Ober- sowie Untergrainau (3) bekannt sind. Zusammen mit den anderen Gemeinden Mittenwald, Wallgau und Farchant gehörte Grainau zur freien Grafschaft Werdenfels, weshalb diese Region bis heute noch als Werdenfelser Land bezeichnet wird.
Das Geschlecht der Hammerspacher aus Hall in Tirol errichtet Anfang des 15. Jahrhunderts die Hammersbacher Burg, welche in der Region des heutigen Hammersbach stand. Außerdem brachte die Familie den Bergbau in die Region. 1802 wird die Grafschaft Werdenfels - darunter auch 53 Anwesen in Grainau - im Zuge der bayerischen Säkularisation dem Königreich Bayern einverleibt. 1808 werden die Dörfer Ober- und Untergrainau zu eigenständigen Gemeinden ernannt. Die napoleonischen Kriege von 1803 bis 1815, der Wegfall vieler Rechte, die die Landwirtschaft und Waldarbeit betreffen, sowie eine politisch veränderte Situation führten zu großer Armut in der Bevölkerung.
Bis zu diesem Zeitpunkt sind Waldarbeit und Viehzucht die Haupteinnahme und -ernährungsquelle des Ortes; ergänzt wurden die Einnahmen durch den Bergbau.
Mitte des 19. Jahrhunderts entdecken Künstler und Schriftsteller die Reize der Natur. In der Folge erlebt der Ort einen Bevölkerungszuwachs und immer mehr Besucher finden ihren Weg nach Grainau. Im Zuge dieses Aufschwungs wird um 1870 auch die Bergwelt weiter erschlossen. Durch die 1880 erbaute Eisenbahnlinie - diese verband die Region zuerst mit Murnau, 1889 mit Partenkirchen und 1912 mit Reutte - wird das Gebiet auch für den Fremdenverkehr erschlossen. Grainau finanziert sich ab diesem Zeitpunkt durch den Tourismus und die Landwirtschaft.[5]
Durch o.g. Entwicklungen und Erweiterungen und die damit verbundene Bevölkerungszunahme wachsen Ober- und Untergrainau gebietsmäßig zusammen und werden 1937 verwaltungstechnisch zusammengefasst. Einen weiteren vor allem touristischen Aufschwung bringt 1930 die Zugspitz-

[3] Stand: 01.09.2018

[4] vgl.: Zugspitzdorf Grainau 2018 a

[5] vgl.: Bachmaier 2018

bahn, welche die Zugspitze für den Tourismus erschließt. Durch Wintersportveranstaltungen in den 30er Jahren nimmt die Popularität von Grainau als Tourismusort zu.

1958 erhält die Gemeinde das bis heute aktuelle Gemeindewappen, welches auf der rechten Seite eine Lilie aus dem Wappen der Hammersbacher und auf der linken Seite einen Bärenkopf zeigt, der an den hier Anfang des 19. Jahrhunderts letzten erlegten Bären erinnert.[6]

Abbildung 1: Wappen von Grainau[7]

2.2 <u>Geographische Einordnung</u>

Abbildung 2: Grainaus Lage im Landkreis Garmisch-Partenkirchen[8]

Grainau liegt im Oberland im Süden Deutschlands und gehört zur Gemeinde Garmisch-Partenkirchen und somit zum Regierungsberzirk Oberbayern. Es liegt im sogenannten Werdenfelser Land (siehe 2.1). Die Gemeinde befindet sich am Fuße der Zugspitze im Wettersteingebirge und setzt sich aus den Kirchdörfern Hammersbach und Untergrainau, der Ortschaft Schmölz, dem Pfarrdorf Ober-

---

[6] vgl.: Zugspitzdorf Grainau 2018 b

[7] vgl.: Hildebrandt 2018

[8] vgl.: X-Promotion Internetmarketing e.K. 2018

grainau und dem Weiler Eibsee zusammen.[9] Sie liegt 7 Kilometer Luftlinie und 11 Kilometer Fahrtstrecke von der österreichischen Grenze,[10] sechs Kilometer von Garmisch-Partenkirchen (siehe Abb. 1: Lage der Gemeinde Grainau im Landkreis Garmisch-Partenkirchen) und 96 Kilometer von München entfernt.[11] Der Ortskern liegt bei 47° 28′ 24′′nördlicher Breite und 11° 1′ 39′′ östlicher Länge.[12] Grainau erstreckt sich auf einer Fläche von 49,38 Quadratkilometer[13] und liegt zwischen 750 und 2.962 Metern über dem Meeresspiegel.[14]

2.3 Tourismus generell

Traditionell wird diese Branche grob in Sommer- (1), Winter- (2) und Kultur- und Städtetourismus (3) unterteilt.[15] Hierbei sind die wichtigsten Urlaubsmotive der Deutschen Entspannung, Abwechslung zum Alltag, Sonne und gesundes Klima (siehe Abb. 3: Urlaubsmotive der Deutschen).

Abbildung 3: Urlaubsmotive der Deutschen[16]

Aus urheberrechtlichen Gründen wurde die Abbildung von der Redaktion entfernt.

[9] vgl.: S. M. 2018

[10] vgl.: Stephan 2018 (Entfernung gemessen vom Ortskern an der Waxensteinstraße bis Leermoos)

[11] vgl.: Zugspitzdorf Grainau 2018 a

[12] Stand 2017
vgl.: Bayerisches Landesamt für Statistik 2017, S.3

[13] vgl.: Bayerisches Landesamt für Statistik 2017, S.13

[14] vgl.: Hofer 2005-2018

[15] vgl.: Climate Service Center 2018 a

[16] Bausch 2009, S.6

Die Reisearten pro Urlaub werden mehr, so waren es 1999 1,9 und im Vergleich dazu 2007 2,3 (siehe Abb. 4: Marktanteile der Urlaubsarten - 1999 und 2007 im Vergleich). So werden beispielsweise Wellness und verschiedene Sportarten in einem Urlaub miteinander verbunden.[17]

Laut einer Umfrage ist 61% der Deutschen beim Urlaub die Erholung und Stresslosigkeit am wichtigsten. Dabei hat der Natururlaub an Bedeutung für die Deutschen gewonnen und stellt mit 25% die Urlaubsart mit den zweitmeisten Marktanteilen dar (siehe Abb. 4). Der Aktivurlaub steht mit knapp zehn Prozent im unteren Drittel, wird jedoch gerade in den Sommermonaten noch gerne betrieben.[18] Jedoch gewinnt hier der Strand- und Badeurlaub an Bedeutung (siehe Abb.4).

Abbildung 4: Marktanteile der Urlaubsarten - 1999 und 2007 im Vergleich[19]

Bezogen auf den Wintertourismus, so lässt sich sagen: „ Neben dem zentralen Motiv der Winteratmosphäre (Schnee/Eis 66%) folgen zunächst in der Rangfolge der Winterurlaubsmotive sechs „Wohlfühlfaktoren“: Sonne, gutes Wetter (32%), Kulinarisches und gute Gastronomie (32%), Ruhe, Entspannung und Erholung (30%), gute Beherbergungsqualität (30%), Wellness (21%), Gastfreundlichkeit und Freundlichkeit (21%). Erst an siebter Stelle folgt Skifahren und Skiinfrastruktur (18%), gefolgt von Après-Ski, Partys und Nachtleben (13%).“[20] Dies zeigt, dass gerade in den Wintermonaten das schöne Wetter den Deutschen wichtiger als das Wintersportangebot ist.[21] Nur noch ein Vier-

[17] vgl.: Bausch 2009, S.5

[18] vgl.: Bausch 2009, S.3

[19] Bausch 2009, S.5

[20] Bausch 2009, S. 13

[21] vgl.: Bausch 2009,S. 2

tel der Urlaubsreisen im Winter findet in die Alpenregion statt und auch hier geht der Trend zur Kombination verschiedener Urlaubsmotive.

2.4 Tourismus aktuell

In Grainau sind von den traditionellen Tourismusformen nur (1) und (2) relevant. In der Gemeinde stellt der Tourismus seit über 100 Jahren die Haupteinnahmequelle dar[22]; Garmisch-Partenkirchen und damit auch Grainau verfolgen in diesem wichtigen Wirtschaftssektor das Ziel, eine Monostruktur zu vermeiden und wetter- sowie klimaunabhängig zu sein. Hierfür hat der Landkreis Garmisch-Partenkirchen das Konzept der vier Angebotssäulen im örtlichen Tourismus erarbeitet: Erholung in beeindruckender Natur (1), Sportangebot im Sommer und im Winter, vor allem Angebote auf der Zugspitze (2), Gesundheit im heilklimatischen Kurort (Grainau ist ein anerkannter Luftkurort), (3) sowie Tagungen und Kongresse (4).[23] Dies gilt ebenso für Grainau, wobei die 4. Säule zu vernachlässigen ist.[24]

In 2016 zählte Grainau 163.770 Gästeankünfte und 580.533 Gästeübernachtungen pro Jahr aus dem In- und Ausland. Diese verteilen sich auf 312 Gästeunterkünfte mit 4.236 Gästebetten, welche eine durchschnittliche Jahresauslastung von 44% haben.[25] Die Gäste haben eine durchschnittliche Aufenthaltsdauer von 3,2 Tagen; dies zeigt, dass das Hauptsegment von Grainau die Tagesausflüge darstellen.[26] Der Altersdurchschnitt der Touristen ist mit 52 Jahre vergleichsweise hoch.[27]

2.4.1 Wintertourismus aktuell

Im Vergleich zum breitangelegten Sommertourismus begrenzt sich das Angebot des Wintertourismus in Grainau vor allem auf Ski- und Snowboardaktivitäten. Hier ist Grainau sowohl an die 22 Pistenkilometer der Zuspitze als auch an die 41 Pistenkilometer des Skigebietes Garmisch Classic angeschlossen. Somit deckt Grainau auch im Winter die zweite Säule des Konzepts ab. Weitere sportliche Nebenaktivitäten wie Rodeln oder Langlauf haben derzeit eine untergeordnete Bedeutung und beeinflussen die Einnahmen nur geringfügig. Darüber hinaus besteht das Wellness- und Kurangebot auch im Winter. Außerdem bietet Grainau Möglichkeiten zum Winterwandern auf neun Routen an. Somit bezieht sich die Gemeinde auch hier auf die erste und dritte Säule des Konzepts (siehe

---

22 vgl.: S. M. 2018

23 vgl.: Landkreis Garmisch-Partenkirchen 2017 , S.57

24 vgl.: S. M. 2018

25 Stand: 2017

26 vgl.: Bayerisches Landesamt für Statistik 2017, S.16

27 vgl.: Kratzer 2016

2.4).[28] Laut dem aktuellen Jahres-Tourismusbericht von Garmisch-Partenkirchen betrugen die Ankünfte im Winter 2016 162.343 in ganz Garmisch-Partenkirchen[29]; auch bezogen auf Grainau macht der Wintertourismus nur ca. 40% der diesbezüglichen Einnahmen aus.[30]

2.4.2 Sommertourismus aktuell

Das Angebot der Sommeraktivitäten in Grainau ist sehr vielfältig. Von den klassischen Aktivitäten wie Baden im Eibsee - was jedoch aufgrund der niedrigen Temperaturen des Sees nur im Hochsommer möglich ist - Wandern auf der Zuspitze oder auf einem der vier Themenwege, von welchen einer sich auch mit dem Thema Klimawandel und den Auswirkungen auf die Region befasst, bis zu den neuen Trendsportarten wie Rafting auf der Loisach oder Mountainbiken auf über 20 Routen bietet Grainau eine Vielzahl möglicher Aktivitäten an. Somit ist Grainau für die Zielgruppe der Aktivurlauber ein beliebtes Urlaubsziel. Weitere Attraktionen in Grainau sind die sich über 100 Kilometer erstreckenden Wanderrouten auf der Zugspitze, der Eibsee mit seinem Rundweg und die nur knapp zehn Kilometer entfernte Partnachklamm. Diese Aktivitäten beziehen sich auf die zweite Säule des Tourismuskonzepts (siehe 2.4).

Durch die Kneippbäder, das Zugspitzbad mit Sauna und Wellnesshotels bezieht sich Grainau auf die erste und dritte Säule des Tourismuskonzeptes von Garmisch-Partenkirchen (siehe 2.4) und schafft sich somit Zugang zu einer weitern Zielgruppe des Tourismus: den Erholungsurlaubern.[31] Laut dem aktuellen Jahres-Tourismusbericht von Garmisch-Partenkirchen gab es im Sommer 2016 292.904 Ankünfte in ganz Garmisch-Partenkirchen[32]; in Grainau macht der Sommertourismus mit ca. 60% den Hauptanteil der diesbezüglichen Einnahmen aus.[33]

3. Auswirkungen des Klimawandels auf Grainau

Wie die ganze Alpenregion ist auch Grainau vom Klimawandel betroffen; mit dem Themenweg „Klima und Wasser im Wandel“ weist der Ort anschaulich auf die konkreten Auswirkungen auf die Gemeinde hin und zeigt, dass er sich mit dem Thema aktiv auseinandersetzt.

---

[28] vgl.: Zugspitzdorf Grainau 2018 d

[29] vgl.: Garmisch-Partenkirchen 2017

[30] vgl.: S. M. 2018

[31] vgl.: Zugspitzdorf 2018 c

[32] vgl.: Garmisch-Partenkirchen 2017

[33] vgl.: S. M. 2018

3.1 Klimawandel generell

Unter Klimawandel versteht man eine messbare Veränderung des Klimas. Diese wird meist anhand der Temperatur der Erde ermittelt. Es kann sich beim Klimawandel um eine natürliche oder anthropogen verursachte Erscheinung handeln.

Der natürliche Treibhauseffekt beschreibt den Vorgang des Eindringens der Sonnenstrahlung in die Atmosphäre; diese wird auf der Erdoberfläche in Wärmestrahlung umgewandelt und von der Erde wieder abgegeben. Die Treibhausgase in der Ozonschicht der Atmosphäre hindern einen Teil dieser Wärmestrahlen daran, ins Weltall auszuweichen. Dieser Vorgang gewährleistet eine Mitteltemperatur von 15 °C und macht das Leben auf der Erde möglich (siehe Abb. 5: Der natürliche Treibhauseffekt).[34]

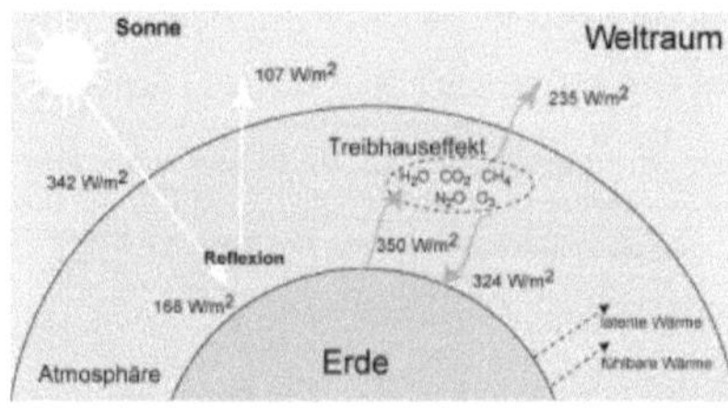

Abbildung 5: Der natürliche Treibhauseffekt[35]

Der anthropogen verursachte Treibhauseffekt beschreibt die zusätzlich zum natürlichen Treibhauseffekt durch menschliche Einflüsse hervorgerufenen Veränderungen. So erhöhen beispielsweise die Verbrennung von Energieträgern wie Kohle, Erdöl und Erdgasen oder eine veränderte Landnutzung die Konzentration der sogenannten Treibhausgase.[36] In der Folge werden zu viele Wärmestrahlen am Ausweichen aus der Atmosphäre gehindert, was zu einer erhöhten Mitteltemperatur auf der Erde führt. Zwischen 1906 und 2005 gab es mit 0,74°C den jemals größten gemessenen globalen Temperaturanstieg. Laut dem Weltklimarat sind für diesen extremen Anstieg zu 90 Prozent die von Menschen verursachten Treibhausgasemissionen verantwortlich.[37]

Als Folge des anthropogen verursachten Treibhauseffekts steigt die mittlere globale Temperatur zu schnell an und erreicht eine Höhe, die eine Veränderung des gesamten Zustands der Erde verur-

---

[34] vgl.: Klima Kollekte 2011

[35] vgl.: Klima Kollekte 2011

[36] vgl.: Fuchs 2018 b

[37] vgl.: Grosfeld 2009, S. 2-4

sacht. Die Balance zwischen Weltmeeren, Vegetation und Klima wird aus dem Gleichgewicht gebracht, die Klimazonen verschieben sich und es kommt häufiger zu extremeren klimabedingten Naturereignisse. Außerdem verändert sich das Auftreten der Niederschläge: es kommt zu häufigeren Starkregen und der Schneefall geht öfter zu Regen über; außerdem treten mehr Dürreperioden auf.[38]

3.2 Auswirkungen des Klimawandels auf die Alpen

In den Alpen wird seit dem 19. Jahrhundert ein Temperaturanstieg gemessen, der doppelt so hoch ist wie der globale Durchschnitt und besonders in der kalten Jahreszeit sind die Schwankungen extrem (1). Es zeichnet sich keine deutliche Zu- oder Abnahme des Durchschnittsniederschlags ab, aber die Niederschläge schwanken jährlich. Erkennbar ist, dass die Feuchtigkeit leicht zunimmt und sich zunehmend der Niederschlag im Winter von Schnee zu Regen verändert (2).[39] Die extremen Naturereignisse zeigen sich vor allem durch Hitzeperioden im Sommer, eine erhöhte Intensität, Heftigkeit und Häufigkeit der Niederschläge sowie in der Folge häufigere Bergstürze (3). Diese drei Hauptfolgen des Klimawandels wirken sich auf verschiedene Weise in den Alpen auf viele Faktoren aus.[40]
Sie verändern die Ökosysteme, die Landwirtschaft und die Fauna. Der Klimawandel wirkt sich zunächst auf die Physiologie des Ökosystems aus; es kommt zu Veränderungen von Photosynthese, Respiration, Wachstum, Wassernutzung, Gewebezusammensetzung und Zersetzung (1). Die Phänologie ist „die Lehre vom Einfluss des Wetters, der Witterung und des Klimas auf den jahreszeitlichen Entwicklungsgang und die Wachstumsphasen der Pflanzen und Tiere, ein Grenzbereich zwischen Biologie und Klimatologie“.[41] Phänologische Faktoren werden durch den Klimawandel beeinflusst; er spiegelt sich in einer Veränderung des Ökosystem (2) sowie der Verbreitung der Tiere und Pflanzen (3) wieder. Durch die Trockenphasen und den Starkregen ändern sich die klimatischen Bedingungen und die Böden. Es kommt zu einem Wechsel der Lebensbedingungen für Pflanzen und in der Folge nimmt die Artenvielfalt ab.[42] Die drei hauptsächlichen Folgen verändern die Interaktion der Arten, also beispielsweise das Räuber-Beute-Verhältnis oder den Schädlingsbefall, und es kann zu evolutionären Anpassungen kommen.[43]
Durch den Klimawandel verschieben sich auch die Vegetationsperioden, was sich auf die Landwirtschaft in den Alpen auswirkt. Einerseits hat dies durch häufigere Niederschläge positive Auswir-

[38] vgl.: Fuchs 2005-2018 b, c, d

[39] vgl.: Climate Service Center 2018 c, f

[40] vgl.: Abegg 01/2011, S.8

[41] vgl.: Schirmer et al. 1987, S.296

[42] vgl.: Beierkuhnlein und Foken 2008, S.103

[43] vgl.: Climate Service Center 2018 c

kungen, andererseits sinkt die Planbarkeit und die Landwirtschaft muss an die neuen Vegetationsperioden angepasst werden. Außerdem kommt es zu deutlichen Ertragseinbrüchen durch neue extreme Witterungen, Dürre und Starkregenperioden, welche schlecht prognostizierbar sind. Durch die steigende Temperatur nimmt insbesondere in Europa der Schädlingsbefall deutlich zu.[44]
Die veränderten Temperaturen haben außerdem eine direkte Auswirkung auf die Gesundheit von Menschen, Tieren und Pflanzen. Vor allem die länger andauernden Hitzewellen, die auch in den Alpen zu spüren sind, stellen eine starke Belastung hauptsächlich für ältere, kranke oder stark aktive Personen dar.[45] Weitere direkte Auswirkungen auf die Gesundheit haben extreme Naturereignisse, wie zum Beispiel Lawinen, Muren oder Starkregen, durch welche sich Todesfälle und psychische Belastungen häufen und oft auch ganze Infrastrukturen des Gesundheitswesen, also beispielsweise Krankenhäuser, zerstört werden. Ein Beispiel für solche Ereignisse ist der Bergsturz am 23.08.2017 im Kanton Graubünden in der Schweiz, bei welchem das Dorf Bond von einer Mure teilweise zerstört wurde.[46]

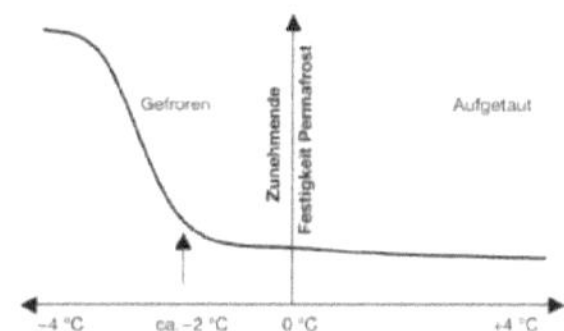

Abbildung 6: Zusammenhang Permafroststabilität und Temperatur [47]

Außerdem zeigt der Klimawandel auch Auswirkungen auf den Permafrost in den Alpen. Der Haupteinflussfaktor ist die Lufttemperatur. Da diese in den Alpen stark ansteigt (siehe oben) verringert sich somit die Permafrostfläche schneller. Die negativen Folgen sind größere Gefahren für Hangrutsche (siehe Abb. 6: Zusammenhang zwischen Permafroststabiltität und Temperatur), häufigere Muren oder Felsstürze und somit eine Bedrohung für Bewohner und Besucher von Dörfern, die in den Alpen liegen.
Zudem wirkt sich der Klimawandel negativ auf die ca. 5.000 Gletscher der Alpen aus. Die Fläche der Gletscher hat sich seit Mitte des 19. Jahrhunderts von ca. 4.500 km^2 bis 2010 auf ca. 1.800 km^2

[44] vgl.: Deutscher Landwirtschaftsverlag 2015
[45] vgl.: Umwelt Bundesamt 2017
[46] vgl.: Hofmann 2017
[47] Deutscher Alpenverein e.V 2018

reduziert.[48] Dies resultiert vor allem aus der drastischen Verschiebung der Schneegrenze, also der Grenze, ab der im Winter mehr Schnee fällt als im Sommer schmilzt, nach oben. Nur oberhalb dieser Grenze können Gletscher entstehen und bestehen.[49] Durch die Verschiebung fallen jedoch viele ehemalige Gletscher unter diese Grenze und schmelzen ab.

Des Weiteren beeinflusst der Klimawandel auch den Schneebestand negativ. Generell ist Schnee ein wichtiger Klimafaktor, welcher unmittelbar auf Temperatur-, Niederschlags- und Windveränderungen reagiert und der, auf Grund seines hohen Albedo[50] von 80-90%, zum großen Teil für die Sonnenstrahlreflektion verantwortlich ist. Außerdem isoliert er den Boden und reguliert den Feuchtigkeitsaustauch von Boden und Atmosphäre, verhindert also das Austrocknen des Bodens. Wenn sich - wie prognostiziert - die durchschnittliche Jahrestemperatur um 1 bis 2°C erhöht, ist mit einer Reduzierung von bis zu 60% der gesamten Schneedecke zu rechnen. Der Hauptursache für die Abnahme der zeitlichen Dauer und Menge der Schneedecke ist die Zunahme des Regens und der Rückgang des Schnees als Niederschlagsform. Eine weiterer Grund für den Rückgang der Schneedecke ist, dass sich durch die Verkleinerung der Fläche des Schnees auch die Reflexionsfläche für die Sonne verringert; somit treffen mehr Sonnenstrahlen auf die Erdoberfläche, erwärmen diese und reduzieren den Schnee. Dieser Vorgang ist ein Kreislauf, der nur schwer aufzuhalten ist.[51] Durch die genannten Auswirkungen steigt also allgemein ganzjährig die Häufigkeit von Naturgefahren. Es kommt vermehrt zu (Schlamm-)Lawinen, Muren, durch Starkregen verursachte Überschwemmungen, Dürren und Trockenphasen.[52]

Diese oben genannten direkten Auswirkungen haben weitere indirekte Folgen.

Ein wichtiger Wirtschaftssektor der Alpenregion ist der Tourismus. Auch auf diesen wirkt sich der Klimawandel indirekt aus. Eine Analyse von 50 Studien zu ökonomischen Auswirkungen des Klimawandels auf die verschiedenen Wirtschaftssektoren stuft den Klimawandel neben Erdöl/Erdgas, Luftfahrt, Gesundheit, Transport und Finanzen unter der höchsten Risikokategorie ein.[53] Der Klimawandel und der Tourismus stehen in einer Wechselbeziehung, da durch den immensen Reiseverkehr, energiereiche Komponenten, wie beispielsweise beheizte Pools, Beschneiungsanlagen oder

---

[48] vgl.: Climate Service Center 2018 d

[49] vgl.: Spektrum der Wissenschaft Verlagsgesellschaft mbH 2001 a

[50] „Albedo=Reflexionsvermögen, beschreibt den prozentualen Anteil an diffus reflektierter Strahlung beim Auftreffen auf eine nicht selbst leuchtende und nicht spiegelnde Fläche." (Spektrum der Wissenschaft Verlagsgesellschaft mbH 2001 b)

[51] vgl.: Climate Service Center 2018 e

[52] vgl.: Bundesministerium für Nachhaltigkeit und Tourismus 2018

[53] vgl.: Mahammadzadeh und Biebeler 2009, S.54

die Vergrößerung von Dörfern und Städten der Klimawandel beschleunigt wird. Der Reiseverkehr macht mit 1.307 Mio. Tonnen weltweit fünf Prozent der gesamten Kohlendioxidemissionen aus.[54] Außerdem werden durch die Erschließung von Bergwelten in den Alpen viele Lebensräume von Pflanzen und Tieren zerstört.[55] Auf den Sommertourismus wirkt sich die Klimaänderung einerseits positiv aus, da sich die Saisondauer verlängert. Andererseits kommt es zu negativen Effekten, da beispielsweise die Luft- und Wassertemperatur eine Grenze überschreitet, ab welcher der Aufenthalt in den Alpen für bestimmte Personengruppen gesundheitsschädlich ist. Der Wintertourismus ist hauptsächlich negativ betroffen, da die Schneesicherheit deutlich abnimmt (siehe oben) und somit die Hauptattraktion der Alpen im Winter, das Ski- und Snowboardfahren, gefährdet ist. Zusätzlich verkürzt sich die Betriebszeit.[56]

Der Klimawandel wirkt sich auch indirekt negativ auf die Gesundheit aus: der Schädlingsbefall, sowie die Wasser- und Nahrungsqualität verändern sich durch Störungen des Ökosystems (siehe oben), was zu Infektionskrankheiten führen kann. Auch die Luftverschmutzung, welche gerade in den Alpen zu einer höheren Pollenkonzentration in der Luft führt, wirkt sich durch häufiges Auftreten von Asthma und anderen Lungenerkrankungen negativ auf die Gesundheit aus.[57]

Somit sind die Alpen in vielfacher Hinsicht direkt sowie indirekt stark vom Klimawandel betroffen.

3.3 Folgen für Grainau

Die Klimaveränderung betrifft auch das touristisch orientierte Dorf Grainau. Der Experte sieht in den unberechenbaren und extremen Unwetterereignissen und deren Folgen das größte Problem, welches aufgrund des Klimawandels häufiger auf seine Gemeinde zukommen wird.[58] Aber Grainau ist auch in anderen Faktoren stark von diesem betroffen.

3.3.1 Permafrost

Eine Auswirkung ist, dass die Permafrostfläche auf der Zugspitze abnimmt. Dieser funktioniert als „Klebstoff" des Gesteins. Nimmt nun der Permafrost ab, kommt es häufiger zu Bergstürzen, da sich aus einem durch diesen zusammengehaltenen Boden große Gesteinsbrocken oder die einzelnen Bestandteile lösen und es somit zu vermehrten Steinschlägen kommt. Dies stellt vor allem für die Wander- und Kletterpfade eine Bedrohung dar.[59] Denn einerseits können diese dadurch beschädigt

[54] Stand: 2005

[55] vgl.: Climate Service Center 2018 f, g

[56] vgl.: Jendritzky 2007, S.109-111

[57] vgl.: Jendritzky 2007, S.109

[58] vgl.: S. M. 2018

[59] vgl.: Deutscher Alpenverein e.V 2018

werden und in Zukunft nicht mehr begehbar sein, andererseits werden Benutzer durch herabfallende Gesteinsbrocken gefährdet.[60]

3.3.2 Gletscherschmelze

Die drei Gletscher der Zugspitze, der südliche und der nördliche Schneeferner sowie der Höllentalferner verlieren pro Jahr durchschnittlich ein bis zwei Meter an Eisdicke. Dies hängt mit der Verschiebung der Schneegrenze zusammen. Der nördliche Schneeferner, der größter der drei Gletscher, lag bisher knapp oberhalb dieser Grenze; aufgrund der durch den Klimawandel bedingten Verschiebung dieser Grenze liegt der Gletscher unterhalb. Somit ist der Gletscher von den wärmeren Temperaturen sehr stark betroffen und schmilzt deutlich schneller. Dies hat zur Folge, dass er in der Funktion als Wasserspeicher für Flüsse wie Partnach, Donau und Rhein schwächer wird und somit auch diese Flüsse in Trockenzeiten einen Wassermangel aufweisen werden. Außerdem entstehen Gletscherspalten[61] sowie Gletscherseen, die überlaufen und so große Wassermassen freisetzen und Überschwemmungen verursachen können. Eine besondere Gefahr stellen Wassertaschen[62] dar, denn diese sind meist schlecht zu erkennen und können unbemerkt Wasser ansammeln. Beim Platzen setzen sie somit unberechenbare Wassermengen frei. Außerdem verliert er seine Aufgabe als Sonnenstrahlreflektor, welche für den Temperaturhaushalt extrem wichtig ist (siehe 3.2).[63]
Auf die anderen beiden Gletscher wirkt sich der Klimawandel genauso wie auf den nördlichen Schneeferner aus. Wobei diese in ihrer Funktion unbedeutender sind.

3.3.3 Naturgefahren

Durch die extremen Wetterereignisse und Wolkenbrüche, welche verhältnismäßig häufig in der Region um Grainau auftreten, kommt es zu Schlammlawinen oder Muren, die die Zugspitze hinunter bis in die Gemeinde gelangen und dort Gebäude beschädigen oder zerstören und Bewohner wie auch Besucher des Ortes gefährden. Zudem führt die Loisach durch das veränderte Niederschlagregime im Herbst und im Frühling immer mehr Wasser. Wenn es nun zu Starkregen kommt, generell eine häufig auftretende Folge in bayerischen Gebirgsräumen, nimmt die Überschwemmungsgefahr zu. Dadurch wächst das Risiko von Gebäudebeschädigungen und die Gefährdung der Menschen nimmt zu. Außerdem kommt es zu länger anhaltenden Dürren und Trockenphasen. Dies führt zu einer höheren Waldbrandgefahr und einer Veränderung der Lebensräume von Pflanzen und Tieren.

---

[60] vgl.: S. M. 2018

[61] Def.: „Gletscherspalten sind tiefe Risse im Eis. Sie entstehen, wenn der Gletscher über einen hügeligen Untergrund gleitet oder wenn das Gletschereis unterschiedlich schnell fließt." (Südwestrundfunk 2015)

[62] Def.: „Gletscherseen, die sich unter einer Eisdecke bilden." (Südwestrundfunk 2015)

[63] vgl.: Lauschtour 2018

Auch die Lawinengefahr wird aufgrund der veränderten Bodenverhältnisse, des vermehrten Regens und der Unwetter zunehmen.[64]

3.3.4 Flora und Waldzusammensetzung

Die Auswirkungen des Klimawandels auf die Ökosysteme machen sich in Grainau auch bei den Schutzwäldern, deren Zusammensetzung und der Artenvielfalt der Flora bemerkbar. Gerade auf der Zugspitze wachsen viele verschiedene und seltene Blumen, da der Boden dort feucht und nährstoffarm ist, womit er eine seltene Voraussetzung besitzt. Durch das Eingreifen des Menschen, welcher Wiesen trockenlegt und düngt, um dort Landwirtschaft zu betreiben, sowie den Klimawandel, welcher im Sommer lange Trockenperioden und veränderte Niederschlagseigenschaften mit sich bringt, verändert sich die Beschaffenheit des Bodens zu einem trockenen und nährstoffreichen Boden. Da dieser Wandel sehr schnell voranschreitet, ist es für die Pflanzen nicht möglich, zu wandern, also sich auf geeignete Böden zu verlagern. Somit verringert sich auch in den Alpen die Artenvielfalt der Pflanzen drastisch. Dadurch sterben seltene Arten wie das Knabenkraut aus und werden durch anpassungsfähige Pflanzen wie den Löwenzahn ersetzt.[65]

Auch die Zusammensetzung der Schutzwälder rund um Grainau wird sich ändern. Diese Wälder haben eine große Bedeutung für den Ort, da sie mit ihren Wurzeln für den Halt des Bodens sorgen; also verhindern sie Erdrutsche, sie halten Lawinen und Steinschläge vom Dorf zurück und der Boden nimmt durch die hohe Anzahl an Bäumen viel Wasser auf, was bei extremen Regenschauern Grainau vor Schlammfluten bewahrt. Jeder Baum besitzt klimatische Voraussetzungen, bei denen er optimale Lebensbedingungen vorfindet. Da die Schutzwälder sich am Hang vom Tal bis zur subalpinen Grenze erstrecken und auf den verschiedenen Höhenstufen unterschiedliche klimatische Bedingungen herrschen, bestehen diese Wälder aus mehreren Baumarten. In Grainau ist insbesondere ein Mischwald aus Tannen und Buchen anzutreffen. Buchen besitzen ihren Optimumsbereiche in wärmeren und mittelfeuchten Gebieten. Im subalpinen Bereich wachsen Tannen, welche zum Überleben kältere Temperaturen benötigen. Oberhalb leben die Fichten, welche wiederum in Gestrüpp und dieses dann in Fels übergeht. Wird nun das Klima wärmer verschieben sich die Optimumsbereiche nach oben. Um sich entsprechend anzupassen benötigen die Bäume eine Generation, was ca. 100 Jahren entspricht; für diese Anpassung schreitet der Klimawandel zu schnell voran. Zusätzlich breiten sich Borkenkäfer aus, da diese sich bei höheren Temperaturen eine höhere Fortpflanzungs- und Überlebensquote haben. Sie bohren sich in die Rinde der Fichten, nisten sich zwischen Rinde

---

[64] vgl.: Beierkuhnlein und Foken 2008, S. 103-105

[65] vgl.: Lauschtour 2018

und Holz ein, schaffen sich Gänge durch die Fichte und töten diese damit. Die Problematik wird weiter verschärft, da die Wurzeln der Fichte flach unter der Erde wachsen. In Trockenperioden liegen diese damit nicht tief genug, um sich von Grundwasser ernähren zu können, was zum Austrocknen der Fichte führt. Außerdem knicken sie bei extremen Stürmen leichter um als andere Bäume, die tiefer verwurzelt sind. Durch den Klimawandel wird der Schutzwald nicht mehr so dicht und beständig sein wie erforderlich, um die Funktion aufrecht zu erhalten.[66] Dies hat negative Konsequenzen für die Sicherheit von Grainau, denn es verliert einen wichtigen Schutz vor Muren, Lawinen, Steinschlägen und Schlammfluten.

3.3.5 <u>Tourismus</u>

Die in 2. und von 3.3.1 bis 3.3.4 aufgezeigten Folgen des Klimawandels wirken sich auf den Tourismus in Grainau aus.

3.3.5.1 <u>Wintertourismus</u>

Der Wintertourismus muss aufgrund der zurückgehenden Schneesicherheit und erhöhten Lawinengefahr (siehe 3.3.2) an die aktuelle Situation und die Bedürfnisse der Touristen angepasst werden. Der jährliche Zeitraum, in welchem der aktuelle Wintertourismus (siehe 2.4.2) betrieben werden kann, wird sich drastisch reduzieren; ebenso wird sich die Größe des Skigebiets verkleinern. Durch Naturgefahren wie Lawinen wird die Sicherheit der Touristen gefährdet (siehe 3.3.3).

Durch die hohe Lage der Zugspitze, den noch vorhandenen Gletscher und das durch die Lage begründete spezielle Klima in Grainau trifft der Klimawandel die Gemeinde und ihren Wintertourismus im Vergleich zu anderen bayerischen Skigebieten noch nicht so stark und später.[67] Das heißt, dass die Schneesicherheit - auch wenn sie zurückgeht - derzeit noch deutlich höher ist als in anderen bayerischen Skigebieten. Im Vergleich zu 76 schneesicheren Tagen auf der Zugspitze in 2017 hatte das Skigebiet Kranzberg in Mittenwald nur sieben im selben Jahr.[68] Nach einer vom Deutschen Alpenverein (DAV) beauftragten Studie, die die Schneesicherheit in fast 50 Skigebieten untersuchte, gilt heute nur noch die Hälfte dieser als schneesicher. Bewahrheiten sich die Vorhersagen, dass sich die Temperatur in den nächsten 70 Jahren um zwei bis vier Grad erwärmt, dann bleiben in Zukunft als bayerische Skigebiete nur das Nebelhorn, das Fellhorn und die Zugspitze beste-

---

[66] vgl.: Lauschtour 2018

[67] vgl.: S. M. 2018

[68] vgl.: Mountain news GmbH 2018

hen.[69] Somit weist die Zugspitze hinsichtlich des Angebotes des klassischen Wintertourismus ein Alleinstellungsmerkmal auf und wird daher noch mehr Wintertouristen anziehen.[70]
Jedoch ist eine Auswirkung der Gletscherschmelze, dass die Schneesicherheit und damit das natürliche Skigebiet drastisch abnehmen werden. So haben sich laut einer Studie des Deutschen Wetterdienstes die schneesicheren Tage - also Tage, an denen mindestens 30 Zentimeter Schnee liegen - auf der Zugspitze zwischen 1970 und 2010 von 111 auf 102 reduziert.[71] Laut dem Gletscherguide Andreas Schmidt wird der nördliche Schneeferner in ca. 15 Jahren nicht mehr existieren, falls die Schmelze sich so rasant weiterentwickelt wie jetzt.[72]
Deshalb muss die Gemeinde den Wintertourismus anpassen und nach alternativen Möglichkeiten suchen, um auch auf eine langfristige Zukunft ohne Gletscher sowie mit noch höheren Temperaturen vorbereitet zu sein und auch die Verluste, die durch das Wegfallen des Skigebiets Garmisch Classic entstehen können, auszugleichen. Auch an die Gefahren durch Naturereignisse (siehe 3.3.3) muss Grainau sich anpassen. Diese stellen ein hohes Risiko für Bewohner wie Besucher des Dorfes und der Zugspitze dar. Beispielsweise durch die erhöhte Gefahr von Lawinen im Winter müssen bessere Sicherheitsvorkehrungen für Wintersportler und Besucher der Zugspitze getroffen werden, um den Schutz dieser weiterhin gewährleisten zu können. Ist dies nicht möglich, drohen schwerwiegende Folgen, denn durch Lawinen kann es zu Verletzten und Toten kommen. Eine weitere Auswirkung ist auch, dass der Wintersport insbesondere bei deutschen Touristen unbeliebter wird und mit einem Imageproblem zu kämpfen hat.[73] Werte wie Entspannung oder Stresslosigkeit gewinnen an Bedeutung (siehe Abb. 3: Urlaubsmotive der Deutschen, S.7).

3.3.5.2 Sommertourismus

Auch der Sommertourismus ist eine wichtige Einnahmequelle Grainaus. Wichtige Kriterien des Sommertourismus sind unter anderem Sonnenscheindauer, Sonnenintensität, Lufttemperatur, Luftfeuchtigkeit und die Wassertemperatur von Gewässern. Durch die steigenden Temperaturen und geringere Niederschläge wird sich die Zeit, in der er betrieben werden kann, verlängern. Und es ist durch die Temperaturerhöhung, welche sich auch in den Mittelmeerregionen bemerkbar macht, mit einer Nordverschiebung des Sommertourismus zu rechnen. Somit kann ganz Bayern an Attraktivität als Urlaubsziel im Sommer gewinnen. Durch die höheren Temperaturen kann Grainau den Eibsee

---

[69] vgl.: Bayerischer Rundfunk 2015

[70] vgl.: S. M. 2018

[71] vgl.: Bausch und Ludwigs und Meier (o.a.), S.7

[72] vgl.: Wetter Online (YouTube) 2017

[73] vgl.: Todeskino, Marie 2014

länger als Badesee nutzen und so eine weiter touristische Attraktion stellen. Die Sonnenscheindauer und Sonnenintensität erhöhen sich, was zu einem längeren und wärmeren Sommer führt.[74]
Durch die steigenden Temperaturen muss aber mit einem größeren gesundheitlichen Risiko für ältere und kranke Touristen gerechnet werden, somit ist der Hochsommer für diese Risikogruppe nicht zum Wandern oder für andere Aktivitäten geeignet. Außerdem können durch den verstärkten Pollenflug Einschränkungen der Luftqualität entstehen, was Grainau als Luftkurort stark treffen wird. Zudem treffen die Naturgefahren (siehe 3.3.3) auch die Menschen in Grainau im Sommer. Zum Beispiel durch Murenabgänge werden Wanderer, andere Sportler, Besucher und Bewohner des Dorfes und der Zugspitze gefährdet. Werden diese nicht gewarnt oder entsprechend geschützt (siehe Fichtenproblem in 3.3.4), können sie von Muren überrascht und verschüttet werden, was zur Folge hätte, dass sie verletzt oder sogar getötet werden. Außerdem muss beachtet werden, dass die abnehmende Artenvielfalt von Pflanzen und Tieren in Grainau geschützt werden muss, und somit die touristischen Ströme unter Kontrolle gehalten werden sollten.[75]
Außerdem verlieren die Wanderwege durch den Rückgang der Artenvielfalt in der Fauna an Attraktivität.

4. Alternative Tourismusausrichtungen in Grainau

Um den Tourismus als Haupteinnahmequelle aufrecht zu erhalten muss Grainau sich an den Klimawandel und die aktuellen Präferenzen der Touristen anpassen (vgl.: Abb.4: Marktanteile der Urlaubsarten - 1999 und 2007 im Vergleich, S.8).

4.1 Wintertourismus

Durch die Zugspitze, die als Skigebiet noch ziemlich schneesicher ist, besteht für Grainau die Möglichkeit, den klassischen Wintertourismus noch für ca. 15 Jahre aufrecht zu erhalten und vom Klimawandel zu profitieren (siehe 3.3.5.1). Jedoch sind andere Winteraktivitäten wie Gletscherführungen, Langlaufen und Schneewanderungen und auch das Skifahren im Skigebiet Garmisch Classic deutlich stärker vom Klimawandel betroffen.
An den Präferenzen der Touristen (siehe 2.4) muss Grainau sich in Zukunft orientieren und anpassen. Als alternative Tourismusausrichtung bieten sich in Grainau Aktiv-, Erlebnis-, Natur-, Wellness- und Erholungsurlaub an.[76] Mit zwei bis fünf Sonnenstunden pro Tag in den Wintermonaten

[74] vgl.: Matzarakis und Tanz 2008, S.5-7

[75] vgl.: Beierkuhnlein und Foken 2008, S.103-106

[76] vgl.: Zugspitzdorf Grainau 2018 e, d

Dezember bis März hat Grainau gute Vorraussetzungen, die Erwartungen der Touristen bezüglich des schönen Wetters zu erfüllen.[77]

Als Aktiv- und Erlebnisurlaub kann Grainau zusätzlich zu Ski- und Snowboardfahren auch Langlaufen und Winterwandern anbieten. Laut des Experten ist dies in Grainau aufgrund der besonderen Lage zwischen der Zugspitze und dem großen sowie dem kleinen Waxenstein und des daraus resultierenden Klimas deutlich früher und länger möglich als beispielsweise in Garmisch-Partenkir-chen.[78] Grainau bietet drei Loipen an. Winterwandern ist von Grainau aus auf landschaftlich vielfäl-tigen acht Routen möglich, die für viele Touristengruppen begehbar sind.[79]

Das Winterwandern fällt außerdem in die Kategorie des Naturlaubs. Hier bietet Grainau eine unberührte Panoramalandschaft, die sich durch Wanderrouten entdecken lässt. Die neu erbaute Zugspitzbahn eröffnet den Touristen den Ausblick vom höchsten Berg Deutschlands.

Auch Wellness- und Erholungsurlaub bietet Grainau im Winter an. Mit 24 Wellnesshotels oder -unterkünften[80] wird den Touristen eine große Auswahl geboten.[81] Außerdem ist Grainau ein Luftkurort, weshalb sich Aufenthalt gesundheitsfördernd auswirkt und somit ein weiterer Anziehungspunkt im Erholungstourismus ist, dieser ist jedoch durch den verstärkten Pollenflug gefährdet.[82]

In Grainau kann also kurzfristig der klassische Wintertourismus noch länger betrieben werden als in anderen Teilen Bayerns, diese Besonderheit sollte somit möglich lang genutzt werden und auch davon profitiert werden. Langfristig sollte die Gemeinde parallel alternative Ausrichtungen für ihr Dorf konzipieren und umsetzen. Grainau hat aber auch (siehe 4.1) schon Ansätze für eine alternative Ausrichtung - weg vom bloßen Angebot des Skifahrens. Um also auch in Zukunft und langfristig in den Wintermonaten noch Tourismus betreiben zu können, ist es Grainau zu empfehlen, sich zunehmend auf diese Ansätze zu konzentrieren und diese auszubauen.

4.2 Sommertourismus

Der Sommertourismus in den Alpen zählt teilweise zu den Gewinnern des Klimawandels.[83] Somit besteht die Chance für Grainau den Gesamttourismus ohne Einbußen aufrechtzuerhalten darin, diesen weiter auszubauen und zusätzlich neue Aktivitäten zu schaffen. Hierbei kann Grainau als Luft-

---

[77] vgl.: Tulun 2018

[78] vgl.: S. M. 2018

[79] vgl.: Zugspitzdorf Grainau 2018 d

[80] Mit dazugezählt auch Ferienwohnungen und ein Campingplatz mit Wellnessangebot

[81] vgl.:Zugspitzdorf Grainau 2018 f

[82] vgl.: Zugspitzdorf Grainau 2018 g

[83] vgl.: Mahammadzadeh und Biebeler 2009 S. 55

kurort die Möglichkeit nutzen und auch in den Sommermonaten auf den Wellness- und Gesundheitstourismus setzen. Da der Altersdurchschnitt bereits bei 52 Jahren liegt (siehe 2.4) und durch den demographischen Wandel der Altersdurchschnitt voraussichtlich weiter steigen wird, ist es für Grainau auch wichtig, sich diesem anzupassen um so neue Möglichkeiten zu schaffen und für Touristen an Attraktivität zu gewinnen.[84] Außerdem ist es für die Gemeinde empfehlenswert, dass sie sich auf umweltverträgliche Tourismusformen wie den sanften[85] oder ökologischen[86] Tourismus ausrichtet. Um aber auch jüngere Touristen anzulocken, die somit langfristig potentielle Besucher sind, stellen neue Trendsportarten wie Rafting auf der Loisach eine Alternative dar. Grainau kann durch den Klimawandel ganz neue Möglichkeiten ausschöpfen. Zum Beispiel kann durch die erhöhten Temperaturen die Badesaison des Eibsees verlängert werden. Weitere Innovationen, welche Grainau noch nicht verfolgt, könnten auch neue Trendsportarten wie Slacklining oder Trailrunning sein. Außerdem können die bestehenden Tourismusangebote (siehe 2.4.1) aufrecht erhalten werden.[87]

Gefahren des Klimawandels sind die hohen Temperaturen, die zu gesundheitlichen Problemen (siehe 3.2) und zu extremen Dürreperioden führen können, sowie das steigende Risiko von Naturkatastrophen, welches eine Gefahr für Touristen und Bewohner des Dorfes darstellt.

Um den Klimawandel zu nutzen, muss Grainau sich somit auf den Sommertourismus fokussieren und diesen weiter an den gesellschaftlichen und demographischen Wandel, die Interessen und Gesundheitsanforderungen der Bevölkerung anpassen. Für die Gemeinde bietet es sich an, die aktuellen Angebote aufrechtzuerhalten, das Wellnessangebot zu erhöhen, den Eibsee länger als Badesee zu nutzen und die sportlichen Aktivitäten verstärkt im Frühling, im Herbst sowie am Abend anzubieten, um so die Hitze zu umgehen. Um entsprechende Abendangebote zu ermöglichen, müsste jedoch Beleuchtung installiert werden, was die Natur zerstören und eine große Energieverschwendung darstellen würde. Somit könnte Grainau eventuell bereits existierende Lampen, zum Beispiel die der Skipisten, nutzen und auf umweltfreundliche Leuchtmittel wie LED-Lampen umsteigen.[88]

---

[84] vgl.: Petermann und Revermann und Scherz 2006, S.59

[85] Def.: „Die Konzeptidee vom sanften Tourismus fasst Umweltverträglichkeit, Sozialverträglichkeit, eine optimale Wertschöpfung und eine „neue Reisekultur" zusammen. Der Begriff wurde zum Schlagwort für einen geforderten und seither in Ansätzen auch vollzogenen Wertewandel im Tourismus. (…) Qualitatives statt quantitatives Wachstum der Branche, Lebensqualität statt Konsumqualität bei den Erholungssuchenden/ Reisenden." (Yumpu 2018)

[86] Def.: „Es sollte sich bei „Ökotourismus" um eine auf naturnahe Gebiete ausgerichtete, ökologisch verträgliche, Naturerlebnis bietende und Naturverständnis fördernde Reiseform handeln, die zudem zur Erhaltung von Natur (…) beiträgt und dabei noch wirtschaftlich sinnvoll (…) ist." (Yumpu 2018)

[87] vgl.: S. M. 2018

[88] vgl.: Nabu 2018

5. Ausblick- Ist die Aufrechterhaltung des Tourismus möglich?

Da der Tourismus die Haupteinnahmequelle für Grainau ist, stellt sich die Frage, ob Grainau von diesem auch in Zukunft und trotz des Klimawandels noch profitieren und seine finanzielle Existenz sichern kann und wie Alternativen mit dem aktuellen Tourismus zu verbinden sind.

Grainau erzielt seine Einnahmen aus dem Tourismus zu zwei Dritteln im Sommer und zu einem Drittel im Winter. Somit ergibt sich eine positive Ausgangslage für Grainau, da der Sommertourismus in den Alpen teilweise vom Klimawandel profitiert. Im Sommer ist voraussichtlich mit keinen größeren Einbußen in den Einnahmen zu rechnen, solange sich Grainau weiterhin an den Interessen und dem Wandel der Gesellschaft orientiert (siehe 4.2). Da Grainau aktuell schon ein großes Angebot an Aktivitäten im Sommer hat (siehe 2.4.1), werden zumindest kurzfristig auch die Ausgaben für Neu- oder Erhaltungsinvestitionen kaum zunehmen und sich in den bekannten Grenzen halten. Für den aktuellen Wintertourismus besteht für noch circa 15 Jahre die Möglichkeit, ihn im Ansatz aufrechtzuerhalten (siehe 3.3.2). Während dieser Zeit ist auch hier nicht mit großen finanziellen Einbußen zu rechnen; es besteht sogar die Möglichkeit zusätzliche Einnahmen zu erzielen (siehe 3.3.5.1). Nach diesem Zeitraum wird jedoch auch Grainau von den Auswirkungen des Klimawandels betroffen sein. Grainau muss deshalb den Zeitvorteil gegenüber anderen Regionen als Chance zur Anpassung an den Klimawandel nutzen. Ohne alternative Tourismusausrichtungen (siehe 4.1) wird Grainau sonst langfristig knapp 80% der Einnahmen des Wintertourismus verlieren.[89] Dies macht ca. 30% der Gesamteinnahmen des Tourismus aus. Dies würde Grainau nach mehreren Jahren stark treffen. Daher muss Grainau sich in den nächsten Jahren anpassen und auf die in 4. aufgezeigten Alternativen fokussieren.

Hierbei sollte Grainau auf die Wünsche der Touristen - seiner Kunden - eingehen und andererseits klimaorientiert handeln. Die Interessen der Gäste konzentrieren sich hierbei auf Entspannung, Wellness, Gesundheit (1), Natur, das schöne Wetter (2) Erlebnis und Aktivität (3).

Diese Aspekte müssen mit den klimawandelverträglichen Tourismusformen wie dem umweltverträglichen[90] beziehungsweise umweltfreundlichen Tourismus[91] (1), dem sanften Tourismus (2) so-

---

[89] vgl.: S. M. 2018

[90] Def.: „Tourismus, der verträglich mit der Umwelt als gesamter räumlicher Umgebung ist. Er zeichnet sich durch möglichst geringe Eingriffe in den Naturhaushalt aus, durch möglichst geringen Landschaftsverbrauch, möglichst geringe Veränderung des Landschaftsbildes und möglichst weitgehende Erhaltung einer naturnahen Kulturlandschaft.“ (Yumpu 2018)

[91] Def.: „Mit dem Leitbild umweltfreundlicher Tourismus soll der umweltverträgliche, die Umwelt nicht belastende Tourismus weiter optimiert werden, indem positive Effekte für den Erhalt von Umweltqualität erzielt werden.“ (Yumpu 2018)

wie dem ökologischen Tourismus (3) kombiniert werden (siehe Abb.7: Kombination der geforderten Orientierungen im Tourismus).

Alternative Tourismusausrichtungen:

KUNDENPERSPEKTIVE (PRÄFERENZEN DER TOURISTEN)

KLIMA		**Entspannung, Wellness und Gesundheit**	**Sonne und Natur**	**Erlebnis**	**Aktivität**
FREUN	**Umweltverträglicher und umweltfreundlicher Tourismus**	Luftkur	Winterwandern	Winterwandern Slacklinen Rafting	Winterwandern Slacklinen Rafting
DLIC	**Sanfter Tourismus**	Luftkur Wellness	Wellness Winterwandern Badesee	Winterwandern Badesee	Winterwandern Badesee
HKEIT	**Ökologischer Tourismus**	Luftkur	Winterwandern	Winterwandern	Winterwandern

Abbildung 7: Kombination der geforderten Orientierungen des Tourismus [92]

Hierbei lässt sich der Wellnesstourismus (1) (Forderung der Kunden, siehe 3.3.5.1) gut mit dem sanften Tourismus verbinden, da er die Lebensqualität der Touristen fördert und, da die meisten Wellnessangebote schon gebaut sind, nicht sehr umweltbelastend ist. Durch bestimmte Wellnesseinrichtungen wie beheizte Pools oder Saunen wird die Umwelt minimal belastet, deshalb ist er nicht direkt mit dem ökologischen und den umweltverträglichen und -freundlichen Tourismus vereinbar. Außerdem findet sich im Wellnesstourismus, je nach Ausprägung, auch der Faktor des Naturerlebnisses wieder.

Das Gesundheitsangebot, hier vor allem die Luftkur, verbindet den Wellness-/Gesundheitstourismus (2) mit allen drei klimafreundlichen Tourismusformen. Durch die Kur wird die Umwelt nicht belastet, sondern sogar geschont, da sie durch nicht Benutzen eine Erholungszeit hat. Diese beiden Formen (1) und (2) lassen sich sowohl im Sommer als auch im Winter verwirklichen.

Die verstärkte Nutzung des Eibsees als Badesee (3) verbindet die Aspekte Sonne und Natur mit Erlebnis und auch Aktivität. Dabei lässt er sich auch in den sanften Tourismus einordnen, da er Erho-

[92] Quelle: eigene Darstellung, vgl.: Yumpu 2018 und 3.3.5.1

lung bietet und dabei die Umwelt nicht großartig belastet. Allerdings wird durch die längere Nutzung des Eibsees als Badesee die Wasserqualität verschlechtert und auch die direktanliegende Natur durch die Touristen verschmutzt, dies spricht gegen die Einordnung in die Kategorien (1) und (3). Die Trendsportarten Rafting, Slacklining und Trailrunning (4) sind dem Erlebnis- und Aktivurlaub zuzuordnen. Hierbei sind sie auch teilweise mit dem umweltverträglichen bzw. umweltfreundlichen Tourismus vereinbar, denn die Landschaft muss für beide Sportarten nicht besonders verändert werden. In den genutzten Gebieten wird jedoch die Natur durch die Menschen zerstört und verschmutzt werden. Diese Angebote (3) und (4) sind hauptsächlich im Sommer durchführbar.

Im Winter wird sich das Angebot auf Winterwandern und Ski- und Snowboardfahren konzentrieren. Das Winterwandern ist hierbei - je nach Aktivitätsstufe - dem Erlebnis-, Aktiv-, Natur- und auch Entspannungstourismus zuzuordnen. Es lässt sich auch mit allen drei (1) , (2) und (3) klimafreundlichen Ausrichtungen vereinen. Denn durch die Verwendung von vorhanden Wegen wird die restliche Natur geschützt und bestimmte schwer geschädigte Gebiete können gesperrt werden und sich so erholen. Außerdem verbessert es die Lebensqualität und lässt sich ohne Eingriffe in die Natur vollziehen. Der einzige nicht ganz umweltfreundliche Aspekt ist eine Verschmutzung und Schädigung der Natur durch die aufsteigende Zahl der Touristen. Um diesem Punkt entgegenzuwirken müsste man Kontrollen und eine Beseitigung des Mülls in den Gebieten organisieren, was allerdings weitere Kosten verursachen wird.

Das Ski- und Snowboardfahren ist nur dem Aktivurlaub zuzuordnen und lässt sich mit keinen der anderen Formen kombinieren. Es ist kritisch zu sehen, dass durch künstliche Beschneiung, dem Bau neuer Lifte und dem Anlegen von Pisten die Natur beschädigt und nicht geschützt wird.

Kurzfristig sollte Grainau somit den Wintertourismus aufrechterhalten, allerdings nur im schon bestehenden Umfang Geld in diesen investieren. Außerdem sollte die Gemeinde den Sommertourismus halten und in alternative Möglichkeiten, sowohl für den Winter- als auch Sommertourismus, investieren. Hierbei sollten die oben genannten Faktoren berücksichtigt werden.

Langfristig sollte der klassische Wintertourismus abgebaut werden; mögliche Strategien für Grainau könnten sein, dass die Gemeinde den Sommertourismus so stark ausbaut, dass dieser die Gesamteinnahmen deckt oder, dass sie durch geeignete Anpassungen und Wahl eines neuen Tourismussektors im Winter, zum Beispiel des Erholungstourismus, diese langfristig wegfallende Einnahmen garantieren. Auch hierbei sollten die o.g. Aspekte bedacht werden.

Aufgrund der schon aktuellen Konzentration auf den Sommertourismus kann es Grainau gelingen, die negativen Folgen des Klimawandels auf ihre Gemeinde zu begrenzen und den aktuellen Tourismus in den Grundstrukturen aufrechtzuerhalten.

Literaturverzeichnis

Abegg, B. (2011): Tourismus im Klimawandel - Ein Hintergrundbericht der Cipra, Schaan.

Bachmeier (2018): Chronik des Ortes URL: http://www.zugspitzort.de/default.htm?www.zugspitzort.de//zugspitzdorf/geschichte.htm (Stand: 22.10.2018)

Bausch, T. und Ludwigs, R. und Meier, S. (o.a.): Wintertourismus im Klimawandel- Auswirkungen und Anpassungsstrategien, Hochschule für angewandte Wissenschaften München- Fakultät Tourismus, München.

Bayerische Zugspitzbahn AG (2018): Die neue Seilbahn Zugspitze URL: https://zugspitze.de/de/aktuell/seilbahn-zugspitze (Stand: 19.10.2018)

Bayerischer Rundfunk (2015): Grüner Schnee- Gibt es eine umweltfreundliche Beschneiung? URL: https://www.br.de/br-fernsehen/sendungen/faszination-wissen/schneekanonen-schnee-alpen-100.html (Stand: 15.09.2018)

Bayerisches Landesamt für Statistik (2018): Statistisches Jahrbuch Bayern 2017- Gemeinde Grainau 09 180 118, Fürth.

Beierkuhnlein, C. und Foken, T. (2008): Klimawandel in Bayern - Auswirkungen und Anpassungsmöglichkeiten, Bayreuth.

Bruckmann Verlag GmbH (2018): Rund um den Eibsee URL: http://planetoutdoor.de/touren/wandern/rund-um-den-eibsee (Stand: 22.10.2018)

Bundesministerium für Nachhaltigkeit und Tourismus (2018): Naturkatastrophen und Klimawandel URL: http://www.naturgefahren.at/karten/chronik/ereignisdoku/Naturkatastophen.html (Stand: 22.10.2018)

Climate Service Center (2018) a: Tourismus und Klimawandel URL: http://wiki.bildungsserver.de/klimawandel/index.php/Tourismus_und_Klimawandel (Stand: 22.10.2018)

Climate Service Center (2018) b: Aktuelle Klimaänderungen URL: http://wiki.bildungsserver.de/klimawandel/index.php/Aktuelle_Klima%C3%A4nderungen (Stand: 22.10.2018)

Climate Service Center (2018) c: Klimaänderungen in den Alpen URL: http://wiki.bildungsserver.de/klimawandel/index.php/Klima%C3%A4nderungen_in_den_Alpen (Stand: 22.10.2018)

Climate Service Center (2018) d: Gletscher in den Alpen URL: http://wiki.bildungsserver.de/klimawandel/index.php/Gletscher_in_den_Alpen#cite_note-Zemp_2006a-2 (Stand: 22.10.2018)

Climate Service Center (2018) e: Schnee im Klimawandel URL: http://wiki.bildungsserver.de/klimawandel/index.php/Schnee_im_Klimawandel (Stand: 22.10.2018)

Climate Service Center (2018) f: Auswirkungen des Klimawandels auf die Ökosysteme URL: http://wiki.bildungsserver.de/klimawandel/index.php/Auswirkungen_des_Klimawandels_auf_%C3%96kosysteme (Stand: 22.10.2018)

Climate Service Center (2018) g: Wintertourismus URL: http://wiki.bildungsserver.de/klimawandel/index.php/Wintertourismus (Stand: 22.10.2018)

Deutscher Alpenverein e.V. (2018): Alpiner Permafrost. Klimazeiger und Klebstoff der Alpen URL: https://www.alpenverein.de/natur/naturschutzverband/die-alpen/alpiner-permafrost-klimazeiger-und-klebstoff-der-alpen_aid_28517.html (Stand: 22.10.2018)

Deutscher Landwirtschaftsverlag (2017): Klimawandel- Das sind die Folgen für die Landwirtschaft URL: https://www.agrarheute.com/pflanze/klimawandel-folgen-fuer-landwirtschaft-510294 (Stand: 19.10.2018)

Fuchs, M. (2018) a: Klimawandel URL: https://www.globalisierung-fakten.de/klimawandel/definition (Stand: 17.10.2018)

Fuchs, M. (2018) b: Treibhauseffekt URL: https://www.globalisierung-fakten.de/treibhauseffekt/ (Stand: 17.10.2018)

Fuchs, M. (2018) c: Treibhausgase URL: https://www.globalisierung-fakten.de/treibhauseffekt/treibhausgase/ (Stand: 17.10.2018)

Fuchs, M. (2018) d: Treibhauseffekt Folgen URL: https://www.globalisierung-fakten.de/treibhauseffekt/folgen/ (Stand: 17.10.2018)

Garmisch-Partenkirchen (2018) - Daten Zahlen Fakten 2017, Garmisch-Partenkirchen.

Grosfeld, K. (2009): Klima gestern, heute und morgen - Fakten und Projektionen, Magdeburg.

Hildebrandt, H. (2018): Wappen von Grainau URL: https://www.fremdenverkehrsbuero.info/wappen/grainau-wappen.html (Stand: 22.10.2018)

Hofer, T. (2005-2018): Grainau URL: https://www.deine-berge.de/Karte/POI-6961/Bahnhof/Deutschland/Hoehe-760m/Grainau.html?maptype=&zoom=14&lat=47.47005206&lng=11.04495049 (Stand: 21.10.2018)

Hofmann, F. (2017): Bondo- eine Tragödie ohne Ende URL: https://www.aargauerzeitung.ch/schweiz/bondo-eine-tragoedie-ohne-ende-131671574 (Stand: 19.09.2018)

Jendritzky, G. (2007): Folgen des Klimawandels für die Gesundheit, Freiburg.

Klima Kollekte (2011): Natürlicher und anthropogener Treibhauseffekt URL: https://klima-kollekte.ch/de/info/natürlicher-und-anthropogener-treibhauseffekt (Stand: 19.10.2018)

Kratzer, M. (2016): Tourismuszahlen in Grainau: Das beste Ergebnis seit 16 Jahren URL: https://www.merkur.de/lokales/garmisch-partenkirchen/tourismuszahlen-in-grainau-2016-bestes-ergebnis-seit-16-jahren-6640345.html (Stand: 22.10.2018)

Lauschtour (2018): Klimawandel-Tour Zugspitze: Grainauer Themweg Klima und Wasser im Wandel (Audioguide und Erlebnisweg)

Mahammadzadeh, M. und Biebeler H.(2009): Anpassung an den Klimawandel, Köln.

M., S. (2018): Interview am 11.09.2018 zwischen Fynn Hänichen und S. M .

Matzarakis, A. und Tanz, B. (2008): Tourismus an der Küste sowie in Mittel- und Hochgebirge: Gewinner und Verlierer, Hamburg.

oberbayern/kranzberg/schneestatistik.html (Stand: 20.10.2018)

Mountain News GmbH (2018): Schnefallstatistik Zugspitze URL: https://www.skiinfo.de/oberbayern/zugspitze/schneestatistik.html (Stand: 20.10.2018)

Nabu (2018) URL: https://www.nabu.de/umwelt-und-ressourcen/energie/energieeffizienz-und-gebaeudesanierung/beleuchtung/15308.html (Stand: 22.09.2018)

Petermann, T. und Revermann, C. und Scherz, C. (2006): Zukunftstrends im Tourismus, Berlin.

Prof. Dr. Bausch, T. (2009): Der Tourismusort Garmisch Partenkirchen- Führen Wintersportveranstaltungen aus oder in die Krise?, München.

Schirmer et al. (1987): Meyers kleines Lexikon Meteorologie, Meyers Lexikonverlag, Mannheim,Wien, Zürich.

Sextl, J. (2018): Zugspitzbahn: Unfall bei Übung- Seilbahnkabine schwer beschädigt URL: https://www.abendzeitung-muenchen.de/inhalt.erst-neun-monate-in-betrieb-zugspitzbahn-seilbahnkabine-bei-unfall-schwer-beschaedigt.5d6f88c1-846a-4f57-872f-1c9513e6440f.html (Stand: 22.10.2018)

Spektrum der Wissenschaft Verlagsgesellschaft mbH (2001) a: Schneegrenze URL: https://www.spektrum.de/lexikon/geographie/schneegrenze/7016 (Stand: 19.10.2018)

Spektrum der Wissenschaft Verlagsgesellschaft mbH (2001) b: Albedo URL: https://www.spektrum.de/lexikon/geographie/albedo/241 (Stand: 19.10.2018)

Stepahn, G. (2018): Erweiterte Streckinformation URL:https://www.luftlinie.org/Grainau/47.46836946788963,10.929336547851562 (Stand: 09.09.2018)

Südwestrundfunk (2015): Gefahr durch Gletscher URL: https://www.planet-schule.de/mm/die-erde/Barrierefrei/pages/Gefahr_durch_Gletscher.html (Stand: 10.09.2018)

Todeskino, M. (2014): Die Trends und Vorlieben der Deutschen im Winterurlaub URL: https://www.derwesten.de/reise/die-trends-und-vorlieben-der-deutschen-im-winterurlaub-id9928458.html (Stand: 21.10.2018)

Tulun, B. (2018): Klima-Grainau URL: http://www.klima.org/deutschland/klima-grainau/ (Stand: 22.09.2018)

Umwelt Bundesamt (2017): Folgen des Klimawandels URL: https://www.umweltbundesamt.de/themen/klima-energie/klimafolgen-anpassung/folgen-des-klimawandels (Stand: 20.09.2018)

Wetter Online (2017): Klimawandel- Gletscher der Zugspitze tauen rasant URL: https://www.youtube.com/watch?v=rrbCeEPPung (Stand: 18.09.2018)

X-Promotion Internetmarketing e.K. (2018): Landkreis Garmisch-Partenkirchen URL: https://www.bayern-infos.de/landkreis_garmisch-partenkirchen.html (Stand: 19.09.2018)

Yumpu (2018): Definitionen für alternative Tourismusformen URL: https://www.yumpu.com/de/document/view/22600358/definitionen-fur-alternative-tourismusformen-des-bfn-ikzm-d-lernen (Stand: 17.10.2018)

Zugspitzdorf Grainau (2018) a: Wissenswertes URL: https://www.gemeinde-grainau.de/wissenswertes (Stand: 19.10.2018)

Zugspitzdorf Grainau (2018) b: Chronik URL: https://www.gemeinde-grainau.de/chronik (Stand: 19.10.2018)

Zugspitzdorf Grainau (2018) c: Aktivitäten im Sommer URL: https://www.grainau.de/aktivitaeten-im-sommer (Stand: 19.10.2018)

Zugspitzdorf Grainau (2018) d: Aktivitäten im Winter URL: https://www.grainau.de/aktivitaeten-im-winter (Stand: 19.10.2018)

Zugspitzdorf Grainau (2018) e: Auszeit und Entschleunigung URL: https://www.grainau.de/auszeit-entschleunigung (Stand: 19.10.2018)

Zugspitzdorf Grainau (2018) f: Wellnesshotels URL: https://www.grainau.de/wellness-hotels-unterkuenfte-auszeit (Stand: 19.10.2018)

Zugspitzdorf Grainau (2018) g: Luftkurort Grainau URL: https://www.grainau.de/luftkurort-in-grainau (Stand: 19.10.2018)

Anhang

1. Interview am 11.09.2018 zwischen Fynn Hänichen und S. M.:

Beginn: 13:40

Fynn Hänichen: Grüß Gott, Hänichen hier. Ich hatte ihnen eine Mail geschickt mit Fragen zu Ihrer Gemeinde. Nun haben Sie mich um einen Anruf gebeten. Zu aller erst: ist es für Sie in Ordnung, wenn ich das Gespräch aufzeichnen und als Quelle verwende?

S. M.: **Grüße Sie. Natürlich, das ist kein Problem. Hätten Sie bitte kurz einen Augen-blick Zeit, ich müsste Ihre Fragen noch suchen.**

F.H.: Ja natürlich.

-kurze Pause-

Herr M.: **Genau, Sie besuchen das Gymnasium in St.Ottilien, richtig? Und schreiben nun eine Arbeit über den Klimawandel und die Auswirkungen auf Grainau.**

F.H: Genau. Also mit Fokus auf die Auswirkungen auf den Tourismus.

Herr M: **Dann schlage ich vor, dass wir Ihre Fragen der Reihe nach abarbeiten und Sie einfach nachfragen, wenn etwas unklar ist.**

F.H.: Sehr gerne!

Herr M.: **Ihre erste Frage lautete: Wie viel Prozent des Jahresumsatz ihrer Gemeinde wird durch den Tourismus erzielt? Gut.. in Prozent kann ich Ihnen das leider gar nicht so genau sagen, aber wir haben jedes Jahr einen Gesamthaushalt von knapp 10 Millionen Euro. Vom Tourismus spielen da die 2,50 Euro Kurbeitrag pro Person mit rein, das macht dann jährlich um die 1,3 Millionen Euro aus. Und dann haben wir noch den Fremdenbeitrag, der macht circa 300 Tausend Euro aus.**

F.H.: Okay, vielen Dank.

Herr M.: **Ihre nächste Frage war „Und wie viel werden davon durch den Sommer- bzw. Wintertourismus generiert? Und wie viel des Wintertourismuses durch das Skifahren?“ Also in Grainau bleiben wir seit vielen Jahren konstant bei 2/3 Sommertourismus und 1/3 Wintertourismus. Unsere Skifahrer machen gut 80% unseres aktuellen Wintertourismuses aus**

F.H: Dankeschön, das deckt sich glücklicherweise mit einer meiner anderen Quellen.

Herr M.: **Sehr gut! Nicht, dass ich Ihnen hier noch was Falsches erzähle (lacht). Nein, das was ich sage sollte schon stimmen. Dann zu Ihrer nächsten Frage: Was sind Ihre anderen Ein-**

nahmequellen, ich bin auf Viehzucht und Landwirtschaft gestoßen, ist das korrekt? (lacht) Nein, nicht ganz. Also für einige unserer Bewohner ist die Landwirtschaft natürlich eine Einnahmequelle, für unsere Gemeindekasse ist das aber nicht relevant. Für uns sind vor allem Steuern, Gebühren, Umsatzsteuern von Dienstleistungen oder Waren und Einkommenssteuern relevant. Also kann man sagen, dass wir natürlich von den Steuern leben.

F.H.: Okay, vielen Dank. Haben Sie zufällig Zahlen davon, wie viele ihrer Bürger im Tourismussektor arbeiten?

-kurze Pause-

Herr M.: **Leider finde ich dazu gerade nichts in meinen Unterlagen.**

F.H.: Schade, trotzdem Danke! Dann machen wir am besten mit den weiteren Fragen weiter.

Herr M.: **Ich werde mich melden, wenn ich diesbezüglich noch etwas herausfinden kann. „Haben Sie bereits einen Lösungsansatz, um trotz des Klimawandels eine Anlaufstelle für Touristen zu bleiben, vor allem im Winter?“ Um ehrlich zu sein sehe ich kurzfristig keinen Handlungsbedarf. Wir sind seit mehreren Jahren sehr dahinter, dass wir uns den Bedürfnissen und Trends der Touristen anzupassen. Außerdem sind wir schon sehr fokussiert auf den Sommertourismus.**

F.H.: Aber Sie werden die Auswirkungen des Klimawandels doch sicher trotzdem schon spüren, oder?

Herr M.: **Also natürlich geht des Klimawandel nicht spurlos an uns vorbei. Unsere Fichtenwälder machen uns momentan am meisten Sorgen. Und wir spüren hier, dass es immer öfter und länger regnet. Ich sehe das Risiko davon, dass Überschwemmungen oder Muren somit eine Bedrohung darstellen könnten. Aber man muss sagen, dass wir durch unsere Lage ein spezielles Klima hier in Grainau haben, welches es uns zum Beispiel ermöglicht, dass bei uns die Loipen bis in den März oder sogar April geöffnet sind, während beispielsweise in Garmisch drüben das Gras schon im Februar zu sehen ist. Außerdem haben wir mit unserem Gletscher auf der Zugspitze oben einen Vorteil zu allen anderen bayerischen Skigebieten. Aber natürlich sind wir dran auch alternative Tourismusaktionen zu etablieren, denn auch den Gletscher wird es nicht ewig geben. Beantwortet das Ihre Frage?**

F.H.: Ja. Dankeschön.

Herr M.: **Dann „Seit wann ist der Tourismus die Haupteinnahmequelle? Seit gut 100 Jahren, also ungefähr. Dann direkt zur nächsten Frage „Wie setzt sich Grainau zusammen, also welche Ortsteile gibt es?“ Unsere Gemeinde setzt sich aus den Ortsteilen Hammersbach, Unter-**

grainau, Schmölz, dem Pfarrdorf Obergrainau und dem Weiler Eibsee zusammen. Beantwortet das Ihre Frage?

F.H.: Ja, Danke!

Herr M.: **Nun zur letzten Frage aus der Mail: „Arbeitet Grainau auch mit dem „Angebotssäulenkonzept“ im Tourismus?“. Ja, aber die vierte Säule ist bei uns nicht sehr wichtig, beziehungsweise kaum vorhanden. Haben Sie denn noch andere Fragen?**

F.H.: Nein, soweit nicht, Danke. Nur noch eine Nachfrage. Sie sehen also in den unberechenbaren und heftigen Naturereignisse die größte Bedrohung für Grainau?

Herr M.: **Korrekt und in den Folgen, wie zum Beispiel Muren, Lawinen oder Überschwemmungen der Loisach. Und die Bedrohung von diesen. Beispielsweise können Wanderwege unsicherer werden oder vor allem die Benutzung dieser, es können sich Gesteinsbrocken oder Schlammfluten lösen und Wanderer gefährden.**

F.H.: Okay, dann vielen Dank für Ihre Zeit und das Gespräch!

Herr M.: **Ja sehr gerne. Und rufen Sie bei weiteren Fragen gerne noch einmal an!**

F.H.: Danke. Dann Ihnen eine schönen Tag noch!

Herr M.: **Gleichfalls.**

Ende: 13:47